GUIDE ÉLÉMENTAIRE

D'HERBORISATIONS

ET DE BOTANIQUE PRATIQUE

PAR

H. BAILLON

Professeur d'histoire naturelle à la Faculté
de médecine de Paris

Avec figures dans le texte

PARIS

OCTAVE DOIN, ÉDITEUR

8, PLACE DE L'ODÉON, 8

1886

Prix : Un franc

GUIDE ÉLÉMENTAIRE

D'HERBORISATIONS

ET DE BOTANIQUE PRATIQUE

GUIDE ÉLÉMENTAIRE

D'HERBORISATIONS

ET DE BOTANIQUE PRATIQUE

PAR

H. BAILLON

Professeur d'histoire naturelle à la Faculté
de médecine de Paris

Avec figures dans le texte

PARIS

OCTAVE DOIN, ÉDITEUR

8, PLACE DE L'ODÉON, 8

1886

Tous droits réservés

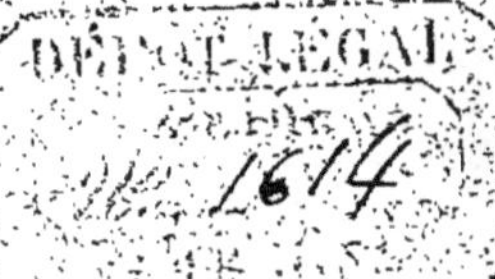

GUIDE ÉLÉMENTAIRE
D'HERBORISATIONS
ET DE BOTANIQUE PRATIQUE

Vous voulez herboriser sans peine et avec profit, pour ne pas perdre le fruit de vos récoltes et pour arriver peu à peu à la détermination des plantes que vous observez sur votre chemin. Heureux si vous avez sous la main un véritable botaniste, aimant les plantes, s'efforçant de les connaître de son mieux, ayant l'expérience des herborisations! Il vous suffira de l'accompagner quelquefois dans ses excursions, de recevoir ses avis pendant quelques heures, pour savoir comment et où vous devez chercher les plantes, comment les récolter, les préparer et les conserver. Il sera plus long, bien entendu, d'arriver à la connaissance de toutes les espèces qui croissent dans

une portion quelconque de notre pays. Il faudra
d'abord les rencontrer, les examiner avec soin, se
bien graver dans la mémoire leurs caractères
extérieurs, se pénétrer des différences qu'elles
présentent avec les espèces plus ou moins voisines. Tout cela demandera du temps. Si l'on en venait à bout du premier coup, tout l'intérêt, tout le
plaisir des herborisations s'évanouiraient immédiatement.

A Paris, dans les grands centres, il y a des herborisations publiques. On y peut beaucoup ap-
prendre, sans doute, et sans grand effort. Mais
ces excursions sont souvent, a dit un auteur ex-
pert, fréquentées par un trop grand nombre de
personnes, et parmi elles quelques-unes oubliant
le motif de leur promenade, qui est l'étude, cher-
chent à distraire celui qui veut travailler, plutôt
que de l'aider et de profiter de ses observations
scientifiques. J.-J. Rousseau, qui herborisa si
souvent et si bien, avait reconnu les inconvénients
des herborisations publiques : « A l'égard de chercher (les plantes), dit-il, j'ai suivi M. de Jussieu
dans sa dernière herborisation, et je la trouvai si
tumultueuse et si peu utile pour moi, que, quand
il en aurait encore fait, j'aurais renoncé à l'y suivre. »
Les meilleures herborisations sont donc celles

qu'on peut faire en tête à tête ou en petit comité,
avec un guide expérimenté. On a cherché à remplacer ce guide par des livres, et il y en a beaucoup.
Mais la plupart sont si longs, si peu clairs, si
diffus, si remplis de choses inutiles, contradictoi-
res même, copiées dans tous les ouvrages du même
genre qui les ont précédés, qu'on ne les lit pas,
ou qu'ils ne peuvent tenir lieu des avis simples
et clairs du guide auquel je faisais tout à l'heure
allusion.

Eh bien ! je voudrais remplacer par ce tout petit
livre, qui n'est pas lourd à porter et qu'on peut
lire en un quart d'heure, le conseiller, le compa-
gnon de voyage ou d'excursion qui vous manque.
Nous partons pour la campagne ; je n'ai pas besoin
de vous dire de quelle façon vous devez être vêtu
et coiffé. Vous le savez aussi bien que moi : légèrement en été et chaudement dans la saison fraî-
che. Mais il vous faut une bonne chaussure, solide et souple. Si vous êtes chasseur, clubalpiniste
ou seulement promeneur d'habitude, vous savez
parfaitement ce qui convient à cet égard. J'ai une
ombrelle qui me sert également de parapluie en
cas de mauvais temps ; mais vous ne craignez peut-
être ni le soleil ni la pluie. Peu vous importe !
Notez qu'il n'est pas mauvais que l'ombrelle ou

la canne ait un manche recourbé en crochet ; cela
sert pour atteindre et abaisser les branches des
arbres sur lesquels vous voulez cueillir quelque
échantillon.

Celui qui n'a jamais herborisé doit recueillir
dans la première localité qu'il explore *toutes* les
plantes qui s'y trouvent en bon état, c'est-à-dire
en fleurs ou en fruits. Il y a tel endroit des champs
ou des bois où l'on peut en une seule séance, si
la saison est favorable, ramasser une centaine
d'espèces ; ce qui constitue déjà un joli noyau de
collection. Supposons qu'on cueille d'abord une
plante très vulgaire. Comme elle abonde dans la
localité, il faut se montrer difficile et ne choisir
que de bons échantillons, bien complets, bien
développés, auxquels il ne manque rien. A quoi
bon se charger d'objets défectueux qu'il faudrait
tôt ou tard remplacer ?

Si la plante est une herbe qui n'atteint pas ou
ne dépasse pas trente centimètres de haut, arra-
chez-là tout entière, sans la briser, avec sa racine,
sa tige, ses feuilles, ses fleurs ou ses fruits. Pour
une plante annuelle, à racine peu profondément
enfoncée dans le sol, un couteau ordinaire suffira.
Mais encore faut-il l'employer avec précaution,
sans se presser, afin de ne point briser les divi-

FIG. 1. — L'étiquette fixée à l'échantillon.

1.

sions ténues de la racine. Secouez alors douce-
cement celle-ci, afin de vous débarrasser de la
terre qui pourrait lui adhérer, et occupez-vous de
fixer à la tige ou à une de ses divisions le nom de
la plante que vous venez de récolter, si vous pouvez à ce moment le connaître.

Avant le départ, vous avez eu soin de vous
munir d'un ou plusieurs paquets d'étiquettes en
papier un peu fort. Ce seront, si vous voulez, des
rectangles, de la grandeur ou à peu près de la
moitié du texte de ce livre. Vous les aurez pliés
en trois suivant leur longueur, et vous les aurez
fendus suivant les deux plis, à peu près dans la
moitié centrale de chacun de ces plis. Vous pourrez ainsi introduire la plante dans l'étiquette
(comme le représente la figure ci-contre), de façon
à ce que celle-ci ne s'en sépare pas facilement.

Sur cette étiquette, écrivez au crayon :

Le nom de la plante, s'il vous est connu.

La date et le lieu de la récolte.

Les indications jugées utiles de la taille de la
plante, de la couleur de ses fleurs, de leur odeur,
de la nature du terrain dans laquelle elle croît,
de sa rareté ou de sa fréquence, etc., etc.

Vous introduisez alors la plante dans le récipient qui doit servir à la transporter et à lui con-

server autant que possible sa fraîcheur, c'est-à-dire dans votre boîte à herboriser ou votre cartable.

La boîte à herboriser (1) est en fer-blanc peint et verni; on la préfère en général aplatie, longue d'un demi mètre au plus et portant deux anneaux qui servent à passer une courroie assez large, permettant de porter la boîte en bandoulière (fig. 6).

Le cartable, qui se porte également en bandoulière, est formé de deux rectangles de carton, longs de trente à quarante centimètres et recouverts de parchemin ou de cuir, de peau. Entre les deux rectangles se placent plusieurs cahiers de papier gris, semblable, si l'on veut, à celui qui sert à sécher les plantes. Le tout est retenu par deux courroies à boucle à l'aide desquelles on ferme et serre le cartable, après que les plantes récoltées ont été étalées entre les feuilles de papier (fig. 4).

S'il s'agit d'arracher une plante herbacée, mais vivace, dont la portion souterraine est d'ordinaire bien plus développée, ou plus profonde, plus adhérente au sol que celle des herbes annuelles, il faut

(1) Un comptoir spécial est ouvert à la librairie Doin pour tous les instruments et les objets que nous indiquons ici comme utiles dans les herborisations, la confection des herbiers, la préparation des plantes, etc.

généralement un instrument spécial, qui creuse
plus profondément et qui vienne mieux à bout de
la résistance du sol. On emploie généralement en
pareil cas un *piochon*. Il y en a de bien des sortes.
Le plus simple (fig. 3) est une petite truelle plus ou
moins concave, fixée à un court manche en bois qui
se tient d'une main et qui sert à creuser la terre
et à soulever la souche. Mais cet instrument n'est
pas très puissant. Un couteau à lame lozangique
et plate (fig. 5), assez souvent employé, n'a pas beaucoup plus de force. On obtient de meilleurs résul-
ats avec le piochon-poignard (fig. 10), instrument
dont se servent les botanistes bordelais et qu'on
ne trouve guère à Paris que sur commande. Son
manche en bois est court et épais ; sa lame large
et solide, à bords émoussés, plate, mais un peu
courbée suivant son plan et sa longueur. Cette lame
peut, pour le transport de l'instrument, être logée
dans un fourreau qui lui-même se fixe à la cein-
ture. Ailleurs on emploie des piochons ou des hou-
lettes dont le fer est fixé à un long manche, pouvant
servir de canne (fig. 9-11) ; mais presque tous ces instruments à longs manche offrent de sérieux inconvénients et ne sont pas très commodes à porter.
Presque partout le petit piochon à main est suffi-
sant. Le piochon-poignard vaut mieux, mais son

prix est plus élevé, et il n'est pas partout facile de se le procurer.

L'important est de ne pas endommager la portion souterraine des plantes vivaces : rhizôme, bulbe ou tubercule, non plus que les racines adventives, ordinairement grêles et nombreuses, que portent ces parties. Lorsque le rhizôme est trop long, on n'en prendra qu'un fragment, long de un ou deux décimètres, par exemple, fragment correspondant à une ou quelques branches aériennes portant feuilles et fleurs. Les tubercules et les bulbes sont souvent profondément enfouis en terre; il faut cependant ne pas les entamer, soit qu'on veuille, après certaine préparation, les faire figurer dans l'herbier, soit qu'on veuille les planter pour cultiver l'espèce à laquelle ils appartiennent.

On ne peut placer dans son herbier qu'une portion des grandes plantes herbacées, des arbres et des arbustes. Dans ce cas, on coupe un échantillon sur lequel il y ait, soit des fleurs, soit des feuilles, soit les unes et les autres à la fois. Si les feuilles voisines des fleurs étaient bien différentes de celles qui se trouvent dans une région de la plante plus voisine de la base, il faudrait aussi couper une portion de tige ou de branche répondant à ces dernières.

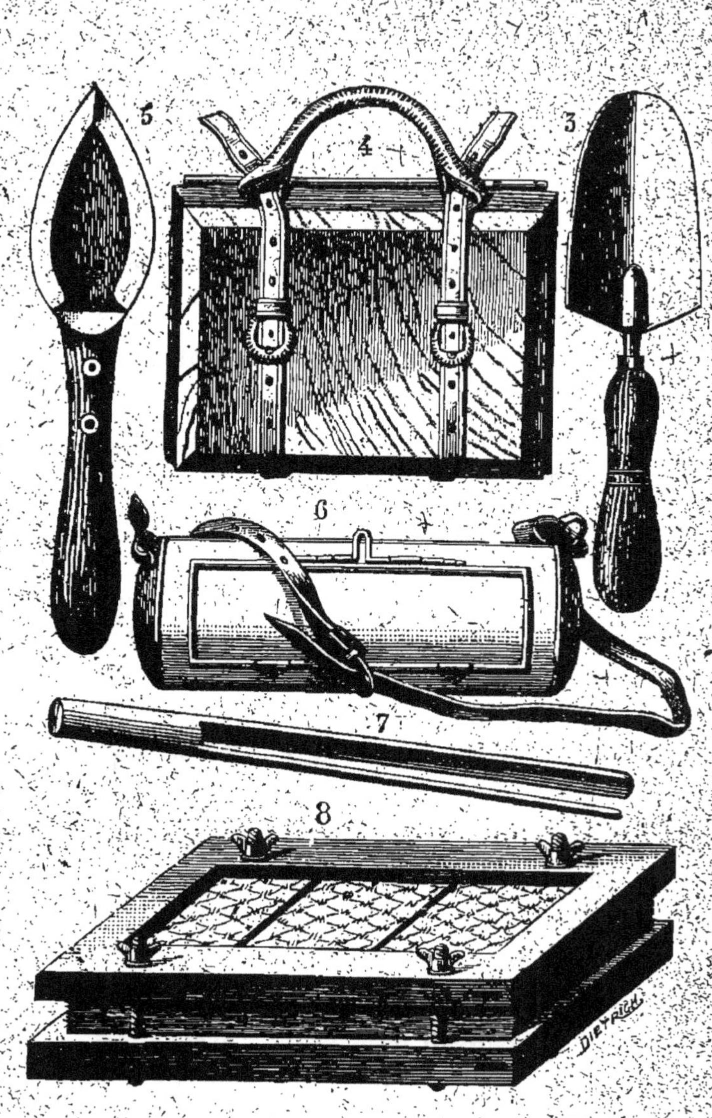

Quand on commence un herbier et qu'on ne possède rien encore ou seulement un petit nombre d'espèces, il faut *tout* prendre dans les premières localités qu'on explore. Il y a tel coin de terrain, de bois, par exemple, d'un ou deux hectares de superficie, qui, visité à plusieurs reprises et avec soin, peut vous fournir en un seul été deux ou trois cents plantes vulgaires. C'est là un fonds déjà bien important pour la création d'un herbier local.

Tous les échantillons une fois placés dans la boîte à herboriser, s'y conservent assez bien en général jusqu'à la fin de la journée, si le temps n'est pas trop chaud et trop sec. Mais si, malgré le soin qu'on a de tenir la boîte bien close et de la placer à l'ombre pendant les heures de repos, on voyait les échantillons se faner, se flétrir, on pourrait entretenir leur fraîcheur en les aspergeant d'un peu d'eau ou en les entourant, dans la boîte, d'un papier gris ou d'un linge très fin rendus humides.

Une fois qu'on s'est procuré la masse des espèces les plus communes, ce qui, chemin faisant, vous mène toujours à la découverte de quelque espèce plus rare ou intéressante, il faut explorer avec soin tous les coins de la plaine, du bois, du

pays dont on veut rassembler les plantes. Celui
qui trouve de belles et bonnes plantes, et qui en
trouve le plus, n'est pas celui qui fait beaucoup
de chemin sur les routes, regardant à peine à ses
pieds, c'est celui qui cherche partout, près des
fossés, des haies, dans les cultures, dans les coins
les moins parcourus des bois et des taillis, dans
les gazons, entre les pierres, les roches, dans les
fossés, sur le bord des cours d'eau, partout en un
mot, sans négligence et sans hâte. C'est celui-là
seul qui rapporte de belles récoltes et qui arrive en
deux ou trois saisons à posséder la flore de la localité qu'il a choisie, sauf peut-être quelques ra-
retés pour lesquelles il faut une excursion spé-
ciale, en son temps, dans l'endroit limité où la
plante a été observée. C'est ausi le plus soigneux
et le plus attentif qui peut montrer les échantillons les plus riches et les plus complets ; car il
ramasse, d'une plante, non seulement des branches
fleuries, mais encore les fruits, les graines, qu'il
placera dans un petit sachet auprès de l'espèce en
fleurs, et même, s'il est nécessaire, les bourgeons,
les bulbes, les bulbilles, en un mot tout ce qui
concerne une même plante ; et celui-là n'hésitera
pas, lorsqu'il s'agit d'une espèce commune, à re-
tourner à diverses époques successives à l'endroit

où il sait qu'elle existe, pour se procurer les parties de la plante qui n'étaient pas développées au moment de sa première visite.

Les plantes récoltées, une fois rapportées à la maison, il s'agit de les préparer afin de les réunir en herbier. Certaines petites herbes, peu charnues et peu volumineuses, peuvent très facilement être séchées entre les feuillets d'un vieux livre; mais plus souvent assez volumineuses, et riches en sucs, ou d'une épaisseur plus considérable, les plantes ont besoin d'être soumises à une certaine pression. On les place donc sous une presse, après les avoir étalées entre des feuilles de papier.

Le choix du papier a une grande importance. On trouve communément dans le commerce des papiers gris, dits papiers à filtrer, qui se vendent en mains et sont généralement coupés rectangulairement. Il est bon qu'ils soient de la taille qu'auront les feuilles de l'herbier : soit 44 centimètres de long sur 28 de large. Choisissez surtout une qualité de papier qui prenne bien l'humidité, qui *boive* bien. C'est dans une feuille double de semblable papier qu'il faut étaler avec soin les plantes récoltées, en ayant soin d'écarter les diverses parties, de déplisser les feuilles ou les fleurs chiffonnées. Si quelque portion se dérange pendant qu'on prépare les autres, il faut la maintenir en place avec quelques corps pesants, comme de grosses pièces de monnaie, des palets de plomb ou des pierres aplaties. Puis, quand tout est bien étalé, on referme la feuille double sur elle-même, et on la place entre deux *matelas*. Ces matelas sont formés du même papier que précédemment. On en place l'une dans l'autre quatre ou cinq feuilles, et même on les faufile sur les bords pour qu'elles ne s'abandonnent point. Interposés à des feuilles qui contiennent des plantes, ces matelas sont destinés à absorber la plus grande quantité possible de l'eau que renfermaient les plantes. Quand de ce fait ils sont trop humides, on peut les remplacer par des matelas bien secs, sans déranger la plante qui est enfermée entre les deux moitiés d'une même feuille. Elle peut d'ordinaire rester en place, et l'on évite ainsi la nécessité de l'étaler de nouveau. Il convient cependant de vérifier si quelque partie ne s'est pas dérangée, n'a pas pris un mauvais pli; et en général il est assez facile de rétablir et de faire rentrer dans l'ordre une branche ou une feuille qui se serait déplacée. L'échantillon est devenu plus mou, moins élastique à mesure qu'il perdait plus d'eau, et il se laisse manier sans reprendre les positions défectueuses qu'il au-

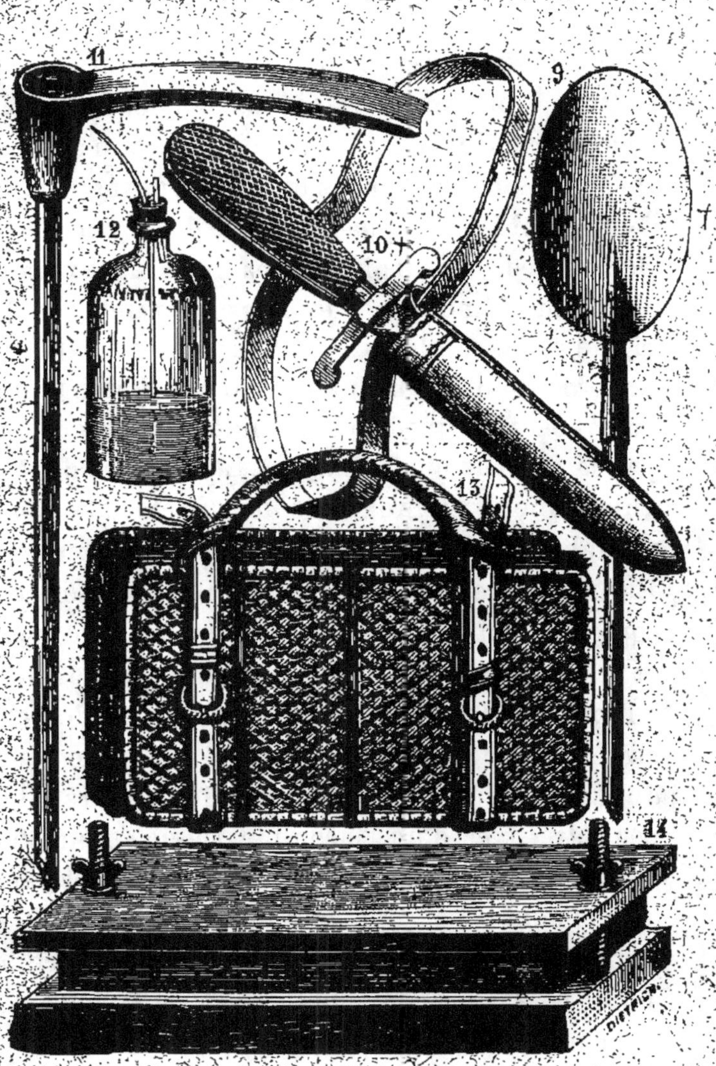
11
9
12
10
7
13
14

rait pu contracter pendant les premiers jours.

Quand on a ainsi placé exactement l'un sur l'autre, et en les faisant alterner, un certain nombre de feuilles contenant des plantes, et de matelas, de façon à obtenir un paquet haut d'une couple de décimètres, on peut placer le paquet sous la presse.

La plus élémentaire des presses est une planche rigide et inflexible sur laquelle on puisse placer un gros poids ou un pavé ou deux. Les paquets étant posés sur un plancher solide, sont recouverts par la planche ainsi chargée. Le tout est déposé autant que possible dans un lieu sec et chaud. Une véritable presse (fig. 14) coûte déjà un certain prix. Elle doit être formée de deux planches solides, soutenues s'il le faut en dehors, par des traverses, et percées chacune de deux trous qui sont destinés à livrer passage à des boulons. Les boulons doivent être plus éloignés l'un de l'autre que la longueur du papier qu'on emploie. Une de leurs extrémités peut être fixée d'une façon invariable à l'une des planchettes. Mais l'autre est forcément libre dans le trou dont est percée l'autre planche; et la pression s'exerce à l'aide d'un écrou extérieur à cette dernière. Il y a une meilleure presse encore : formée (fig. 8) de deux cadres de bois ou de fer, qui sous-tendent chacun une toile métallique. Les deux cadres se rapprochent l'un de l'autre à l'aide de quatre boulons placés vers les angles des cadres et serrés à volonté chacun par un écrou. Il ne faut pas trop serrer les écrous, afin de ne pas détériorer les plantes qu'on comprime.

Les chassis métalliques (fig. 13) sont souvent préférés aux planchettes de la presse. Les meilleurs ont un cadre de fer, qui contient une toile métallique à mailles un peu larges. Au cadre peuvent s'ajouter une, deux ou trois tringles transversales qui maintiennent la toile métallique. Ces chassis sont de la taille du papier et des matelas, ou légèrement plus grands. Quand un paquet de plantes préparées comme nous l'avons dit, a été introduit entre deux chassis, on maintient ceux-ci rapprochés l'un de l'autre par des cordes ou des sangles à boucle. Celles-ci sont en fil ou mieux en cuir. On peut, en les serrant, obtenir une pression suffisante. L'air circule entre les mailles de la toile métallique ; les plantes sont plus vite desséchées. Tout l'appareil peut être placé à une douce chaleur, soit au soleil, soit entre le matelas et le sommier ou la paillasse d'un lit. Quelques personnes, pour hâter la dessication, envoient le paquet chez le boulanger ou chez quelque autre industriel qui le place dans son four, alors que celui-ci n'est plus qu'à une température modérée.

Avec de pareils paquets, on peut souvent éviter de changer les plantes de matelas et de papier, à moins qu'elles ne soient trop succulentes, trop charnues. Sinon, la bonne condition de la dessication des plantes, c'est précisément ce changement : substituez tous les deux ou trois jours, quelquefois même tous les jours, des papiers secs à ceux qui se sont imprégnés de l'eau contenue dans les échantillons. Le changement de papier et l'habitude de ne pas attendre pour commencer à sécher les plantes qu'elles aient longtemps séjourné dans la boîte à herboriser ou le cartable : telles sont les meilleures conditions du succès.

Il est inutile de dire qu'on devra avant tout essuyer légèrement les plantes trop mouillées et débarrasser les racines de toute la terre qui pourrait y demeurer adhérente. La plus grande propreté est nécessaire à la préparation des échantillons. Il faut aussi éviter de les briser. Si la plante est trop grande et dépasse les dimensions du papier dont on a fait choix, on peut couper les parties jugées inutiles et qui dépassent les bords du papier. Sinon, il faut les replier doucement, afin de donner à l'échantillon les dimensions voulues pour qu'il soit contenu dans l'herbier (Voy. fig. 15). Il est préférable, à moins qu'on ne puisse faire autre-

ment, de replier la portion inférieure de l'échantillon, de ramener aux dimensions du papier le bout
qui répond à la racine ou celui sur lequel a porté la
section de la tige ou de la branche récoltée ; de la
sorte, la portion supérieure, qui porte les feuilles
et les fleurs, demeure intacte et n'est pas ramenée
sur le reste de l'échantillon. Quelquefois, cependant, il est nécessaire de replier à la fois la som-
mité fleurie et la base de l'échantillon ; à moins
qu'on ne prenne le parti, ce que font certains collec-
teurs, de supprimer dans la plante une portion inter-
médiaire à la base et au sommet, et qui ne porte-
rait, par exemple, qu'un certain nombre de feuilles
dont on n'aura pas un besoin absolu pour l'étude.

Il y a des plantes dont on dit avec raison qu'elles
ne sèchent pas : ce sont surtout des plantes grasses.
Plusieurs d'entre elles continuent de végéter entre
les feuillets de papier et sur la presse. Elles perdent
l'eau très lentement. On peut hâter cette déperdi-
tion en les chauffant. On peut aussi, si l'on ne tient
pas à la couleur, plonger d'abord ces espèces dans
l'alcool ; après quoi elles se dessèchent plus rapidement.

Mais si l'on récolte des plantes pour l'étude, on
voit souvent que leurs diverses parties sont tellement déformées par la dessication qu'elles ne sont

pas faciles à analyser. Il est prudent, en pareil cas, de remplir un petit flacon contenant de l'alcool faible de celles des parties de la plante qu'on croit avoir plus tard à analyser. Ceci s'applique aussi aux fleurs dont les parties, notamment les pétales, sont d'une grande délicatesse, et plus généralement à toutes les fleurs. Celui qui se destine, non pas à l'observation extérieure et superficielle des échantillons desséchés, mais à la dissection exacte, à une époque quelquefois bien éloignée de celle la la récolte, des diverses parties de la fleur, du fruit, de la graine, doit avoir, autant que possible, toutes ces parties conservées dans un flacon ou un tube plein d'alcool. Alors ces organes, après quelques instants d'évaporation ou même après avoir été essuyés entre deux morceaux de papier buvard fin, sont aussi bons à disséquer qu'à l'état frais; et parfois même leur dissection est plus commode parce qu'ils ont été de la sorte débarrassés des sucs, çà et là abondants, qu'ils contenaient.

La plupart des plantes sèches se détériorent facilement dans nos pays, et davantage encore dans les pays plus chauds et plus humides, si l'on ne les garantit, en les empoisonnant, des attaques des insectes. On perd quelquefois les échantillons les plus précieux si l'on ne prend cette précaution. Le mode d'empoisonnement le plus usité, et presque toujours le plus sérieux, est celui au sublimé corrosif ou chlorure mercurique. On le dissout généralement dans l'alcool, à la dose de 30 grammes par litre d'alcool. Mais il est bon de savoir que cette solution, de même que le sel à l'état solide, est un poison des plus violents pour l'homme et les animaux. Il ne faut point laisser ces substances à la portée des enfants et des ignorants, mais les mettre soigneusement sous clef. Il est bon aussi de savoir que le contact quelque peu prolongé de la solution avec la peau, même celle des mains, finit par l'irriter, l'enflammer et peut produire de grands désordres. Cette solution abîme tous les instruments de fer et d'acier. Aussi faut-il ne la jamais toucher avec les doigts, ni avec les pinces, les ciseaux et autres objets métalliques dont on fait emploi. Pour plonger dans la solution les échantillons desséchés, on se sert d'une pince en bois que l'on peut fabriquer soi-même, à peu de frais, avec deux baguettes aplaties ou deux languettes de bambou ou de Roseau de Provence, reliées l'une à l'autre par un fil et écartées l'une de l'autre par un petit tasseau de bois (fig. 7); de façon qu'il faille opérer sur la pince une légère pression pour en rapprocher les mors l'un de l'autre.

Pour empoisonner les plantes avec la solution de sublimé, il faut verser celle-ci dans une cuvette ou un plat creux, grand au moins comme les échantillons. Ceux-ci sont tenus avec la pince en bois et maintenus quelque temps au fond de la couche de liquide, épaisse de quelques centimètres, qu'on aura versée dans le récipient employé. Beaucoup d'échantillons ne se mouillent pas vite. Souvent ils sont recouverts d'un duvet qui les empêche d'entrer en contact avec le liquide et qui maintient souvent à leur surface une certaine quantité de bulles ou de lames d'air, s'opposant à ce contact. Il faut donc, avec la pince en bois, agiter un peu l'échantillon dans le liquide pour se débarrasser de ces gaz. Une fois la plante bien mouillée, on la retire et on la place entre deux feuilles de papier buvard bien sec, afin d'enlever le trop de solution dont elle pourrait être imbibée ou revêtue. Mais il faut éviter le contact du sublimé avec les étiquettes qui tiennent aux plantes, détacher provisoirement ces mêmes étiquettes et les placer à côté de l'échantillon auquel elles se rapportent. La dessication de ces échantillons empoisonnés est d'ordinaire rapide, parce que l'alcool s'évapore très facilement à une température moyenne.

On a proposé beaucoup d'autres substances pour empoisonner les herbiers. Plusieurs grandes collections de l'Europe sont passées à l'acide phénique, et encore place-t-on, dans les armoires où sont conservées les plantes, des vases contenant une petite quantité de cet acide, qui se volatilise constamment et s'insinue ainsi entre les échantillons. Mais l'odeur de ce corps est pour certaines personnes un objet de répulsion, et cette odeur est très tenace.

Le sulfure de carbone est plus fétide encore et cependant écarte bien les insectes des herbiers. On s'est bien trouvé de son emploi lorsqu'une collection toute faite est attaquée et qu'on veut la purger des insectes sans avoir à détacher les plantes pour les plonger dans une solution insecticide. En pareil cas, les paquets d'herbier sont déposés dans une caisse fermée, et dans l'intérieur de cette caisse on dégage une certaine quantité de sulfure de carbone qui est très volatil. Cette opération se fait d'ordinaire en plein air, à cause de l'odeur repoussante de la substance employée.

Il n'est pas inutile de placer, dans les armoires ou cartons qui renferment les herbiers, des morceaux de camphre ou un petit récipient contenant du camphre en poudre; mais ce procédé n'a qu'une médiocre efficacité et revient à un prix assez élevé.

Si l'on s'aperçoit que, dans une plante conservée en herbier, une partie seule, comme l'inflorescence, le fruit, etc., est attaquée par des insectes, il est assez commode, sans toucher, d'ailleurs à l'échantillon, de déposer sur la partie menacée quelques gouttes de la solution alcoolique de sublimé corrosif dont il était question tout-à-l'heure. Pour cela, la solution est placée dans un flacon dont le bouchon de liège, percé à son centre, est traversé par un tube de verre effilé à son extrémité (fig. 12). Il est alors facile de ne verser sur l'échantillon qu'une quantité très limitée du liquide insecticide.

Quand les plantes bien empoisonnées ont été suffisamment séchées, il est permis de les faire entrer définitivement dans l'herbier. Celui-ci est la véritable bibliothèque du botaniste, qui vaut mieux pour l'étude et la connaissance réelle des plantes que tous les livres et toutes les descriptions. Ajoutez à cela que l'herbier peut être étudié et consulté en toute saison. C'est surtout en hiver qu'on sent tout l'avantage de cette collection faite dans les beaux jours. C'est dans la vieillesse aussi qu'on se retrouve, en parcourant son herbier, au milieu des plantes qu'on a récoltées dans sa jeunesse et qu'on revoit les lieux où on les a cherchées et cueillies. Laissons encore ici parler J.-J. Rousseau : « Toutes mes courses de botanique, les diverses impressions du local, les objets qui m'ont frappé, les idées qu'il m'a fait naître, les incidents qui s'y sont mêlés, tout cela m'a laissé des impressions qui se renouvellent par l'aspect des plantes herborisées dans ces mêmes lieux. Je ne reverrai plus ces beaux paysages, ces forêts, ces lacs, ces bosquets, ces rochers, ces montagnes, dont l'aspect a touché mon cœur ; mais, maintenant que je ne peux plus courir ces heureuses contrées, je n'ai qu'à ouvrir mon herbier et bientôt il m'y transporte. Les fragments des plantes que j'y ai recueillies suffisent pour rappeler ce magnifique spectacle. Cet herbier est pour moi un journal d'herborisations qui me les fait recommencer avec un nouveau charme et produit l'effet d'un optique qui les peindrait de rechef à mes yeux. » Ajoutons à ces paroles charmantes que c'est dans l'herbier, qu'en l'absence de plantes fraîches, on doit puiser des matériaux de travail et d'analyse. Nous verrons qu'on peut jusqu'à un certain point faire revivre certaines parties de la plante qu'on voudrait disséquer pour en constater les caractères précis, aussi bien qu'on pourrait le faire sur des échantillons récoltés le jour même. Ce n'est guère qu'ainsi, on le conçoit, qu'il est possible d'étudier l'organisation des plantes exotiques qui ne sont pas cultivées ou ne fleurissent pas dans notre pays.

Pour constituer un herbier, il faut d'abord se procurer une certaine quantité de papier en feuilles doubles, que l'on nomme *chemises* et qui doivent servir d'enveloppes et de moyens de protection aux plantes. Ces feuilles doivent être autant que possible uniformes pour tout l'herbier. Si l'on pouvait, ce qui n'est pas toujours facile, se procurer du papier *bulle* en quantité convenable, on ferait avec lui les meilleures chemises qu'on puisse imaginer. A défaut de cette sorte, aujourd'hui rare dans le commerce, on emploie des papiers plus blancs, plus épais quelquefois, faits en général de linge de coton ou de copeaux de bois, mais dont la solidité est beaucoup moins grande. Les meilleures dimensions, celles qu'on trouve le plus ordinairement chez les papetiers, sont de 45 centimètres de long sur 29 de large. Les bords doivent être régulièrement rognés.

Il faut, en outre, une seconde sorte de papier,

c'est-à-dire des feuilles simples, sur lesquelles les plantes seront fixées, et qui seront placées dans l'intérieur des chemises. Ces feuillets pour- ront être faits du même papier que les chemises ; mais il est préférable d'avoir un papier plus blanc, plus rigide, et même de s'en procurer de di- verses épaisseurs. Il y a, en effet, des échantil- lons consistant en branches épaisses et solides, qui doivent être fixés sur de véritables rectangles de carton pour que leur support ne gode point et conserve une surface bien plane. Tous ces feuillets rectangulaires doivent être parfaitement rognés sur les bords, et il est bon qu'ils soient, dans tous les sens, d'un centimètre environ plus petits que les chemises dans lesquelles ils doivent être logés.

C'est sur une des faces de ces feuillets que les échantillons bien secs doivent être fixés. Dans quelques grands herbiers de l'Europe, où les plantes sont très fréquemment maniées, on les colle au papier par toute leur surface inférieure à l'aide d'une épaisse solution de gomme. Plus souvent on les maintient à l'aide de petites ban- delettes de papier très étroites. Ces bandelettes étaient jadis fréquemment fixées à la page de l'herbier par une épingle qui traversait deux fois

la bandelette et passait sous la plante. On voulait
par là permettre de détacher l'échantillon pour
l'étude, en enlevant simplement l'épingle. On
préfère généralement aujourd'hui fixer d'une façon définitive la bandelette à l'aide d'une solution
de gomme, des deux côtés de la branche, de la
feuille ou du pédoncule qu'elle croise en travers;
et s'il était parfois nécessaire de détacher l'échantillon pour l'étude, on détacherait les bandelettes
en les humectant, et on en poserait d'autres alors
que la plante serait remise en place. Les bordures
des feuilles de timbres postaux, qu'on rejette
d'ordinaire, sont très bonnes pour cet usage; on
les divise en lanières aussi étroites que l'on veut.
On peut aussi enduire d'une forte couche de
gomme toute une face d'une feuille de papier ordinaire. On laisse sécher la gomme; on taille des
bandelettes dans cette feuille et, on les humecte
au fur et à mesure du besoin. Il est bon d'ap-
puyer sur les extrémités de la bandelette avec un
instrument plat, un couteau à papier, une ba-
guette taillée à cet effet, etc., et de les maintenir
de chaque côté de la plante jusqu'à ce que la
gomme soit sèche et qu'il n'y ait plus de danger
de déplacement. Sur un des côtés de l'échantillon, on place, s'il y a lieu, en l'attachant, soit avec

une épingle, soit aussi avec de la gomme liquide, le petit sachet qui renferme les graines, fruits ou autres parties nécessaires pour l'étude. On peut aussi fixer d'autre part à la feuille d'herbier une enveloppe de lettre ou un petit sachet, facile à ouvrir et à fermer, dans lequel se placent, soit des boutons, des fleurs, soit quelque partie ténue qui se serait brisée, séparée de l'échantillon princi-pal. Nous figurons d'ailleurs ci-contre (fig. 15), une feuille d'herbier, avec l'échantillon, les sachets, et aussi l'étiquette qui portera le nom de la plante et dont nous allons maintenant nous occuper.

Les étiquettes de l'herbier sont d'une grande importance. D'elles dépend en majeure partie la valeur scientifique d'une collection de ce genre. On peut prendre pour étiquette un simple carré de papier qu'on fixera en bas et à droite sur le coin de la feuille d'herbier, et sur lequel on écrira le nom de la plante et tout ce qu'on sait de ses ca-ractères, sa synonymie, l'époque de sa floraison ou de sa fructification, le lieu où elle a été récoltée, etc. Mais beaucoup de personnes préfèrent avoir des étiquettes tout imprimées ou lithographiées, por-tant leur nom et, au-dessous, des lignes légèrement tracées sur lesquelles on peut inscrire à la main toutes les indications dont nous venons de parler.

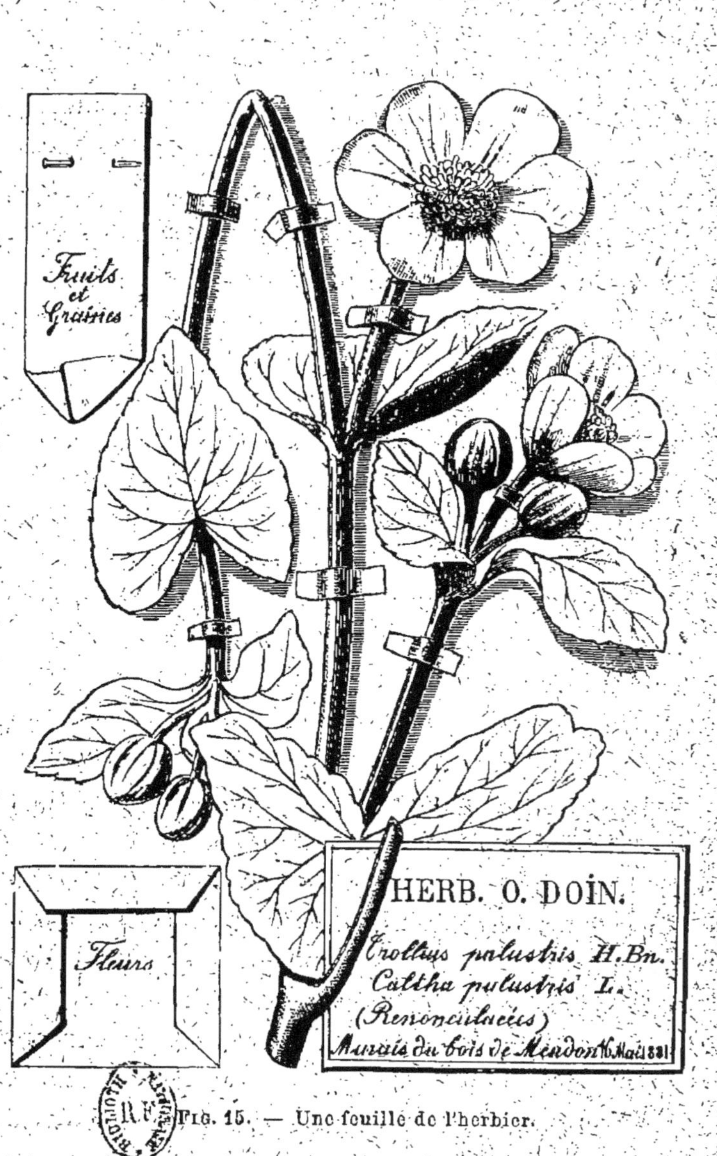

Fig. 15. — Une feuille de l'herbier.

On peut aussi coller sur la feuille d'herbier, en bas et à gauche ou en tout autre point non recouvert par la plante, divers papiers contenant des notes, des renseignements, des détails d'analyse, des croquis ou des dessins, en un mot tout ce qui peut être utile pour la détermination et l'étude de la plante qu'on a sous les yeux.

Il est bon, à moins que le nombre n'en soit trop considérable, de loger dans une même chemise tous les échantillons, de provenances diverses, qui appartiennent à la même espèce. La chemise peut porter, pour faciliter les recherches, le nom de cette plante écrit vers son bord inférieur et en dessus. On peut aussi fixer à ce bord, soit au milieu, soit à droite ou à gauche, une étiquette extérieure, qui fait saillie et qui facilite les recherches quand les diverses plantes d'un même groupe sont réunies en un paquet d'herbier.

Si les paquets doivent être placés à même sur un rayon ou dans une armoire, dans des casiers, il est bon que les différentes chemises qui les composent ne puissent se séparer les unes des autres. On maintient facilement toutes les plantes d'un même paquet entre deux cartons, placés l'un dessus et l'autre dessous, et rapprochés à l'aide d'une courroie à boucle qu'on peut serrer à volonté. Mais il est préférable, quand cela est possible, de placer chaque paquet de l'herbier dans un carton tel que ceux qui servent dans les bureaux, ou dans une petite caisse de bois. Les plantes sont ainsi mieux à l'abri de la poussière et des attaques des insectes. N'étant pas pressées par la courroie et les cartons, elles ne sont pas sujettes à se briser. Et d'ailleurs on peut dégager, dans la boîte ou le carton, des vapeurs odorantes telles que celles dont nous avons parlé pour détruire ou écarter les insectes nuisibles, Les plus jolis herbiers sont ceux qui peuvent être classés dans une armoire à casiers bien close et bien garantie de la poussière et de l'humidité. Visités de temps en temps et attentivement soignés, ils peuvent se conserver presque indéfiniment. D'ailleurs, les herbiers qui souffrent le moins des attaques des insectes sont ceux que l'on consulte souvent : les insectes fuient un séjour dans lequel ils seraient constamment dérangés.

Les plantes d'un herbier n'ont de valeur pour l'étude qu'autant qu'elles sont bien déterminées. Votre but doit être celui-ci : que chaque plante de l'herbier porte un nom exact et correctement écrit. Pour arriver à ce but, il ne suffit pas de savoir herboriser ; il faut avoir acquis des notions suffisantes de botanique ; il faut connaître la *flore* du pays où l'on fait sa collection.

Il est certes commode d'herboriser avec une personne qui connaît la flore de la localité. A chaque plante que vous récoltez, vous demandez le nom, vous l'inscrivez sur votre étiquette fendue, et, plus tard, vous n'avez qu'à reproduire ce nom sur l'étiquette définitive de votre herbier. Il est tout aussi commode, quand vos récoltes sont complètement préparées, pourvues d'une étiquette blanche, de les faire passer sous les yeux d'un botaniste exercé, qui vous dicte le nom de vos plantes ou vous jette sur elles au crayon un nom que vous n'avez plus qu'à reproduire avec soin. Mais il faut bien avouer que, s'il y a là pour vous une grande économie de travail et de temps, le plaisir doit être médiocre, puisqu'il n'y a guère eu de difficulté vaincue ; et aussi que vous n'avez guère lieu d'être fier, auprès de ceux auxquels vous montrez vos collections, d'un résultat qui vous a coûté si peu de peine et d'efforts. Le véritable mérite, le véritable plaisir consistent, quand vous avez, bien entendu, franchi, avec quelque peu d'aide, les premiers pas, à pouvoir montrer un herbier déterminé par vous-même, une collection entièrement due à votre travail.

Ne vous effrayez pas, ne vous découragez pas au début; procédez méthodiquement à votre éducation botanique première. Comme on détermine les plantes à l'aide des caractères que présentent leurs organes, apprenez avant tout à connaître quels sont ces organes, quels noms ils portent, en quoi ils se distinguent des autres parties d'une même plante. Si vous êtes très jeune, de l'âge, par exemple, des enfants qui entrent dans la classe de huitième, lisez à fond, à petites doses, un ouvrage écrit pour les enfants de cet âge (1). Étudiez-le posément, en vous arrêtant à chaque mot, à chaque phrase, en vous assurant par vous-même que vous comprenez bien la signification de ce que vous lisez. Ne vous hâtez pas d'arriver à la fin du volume, pour le simple plaisir de dire que vous l'avez lu; et, quand vous êtes au bout, revenez souvent sur vos pas, relisez les passages que vous croyez n'avoir pas bien compris; demandez, s'il est possible, des avis et des explications aux per-

(1) Ce petit ouvrage existe; il a été publié par nous en 1881, à la librairie Hachette, sous le titre de *Notions élémentaires de botanique pour l'enseignement de la botanique dans la classe de huitième.*

sonnes instruites qui pourraient se trouver à vos
côtés ; et surtout, toutes les fois que vous le pourrez, examinez sur une plante vivante l'organe
dont vous entreprenez l'étude. C'est là ce qu'on
appelle faire de l'*Organographie*. Si vous êtes
plus âgé, adulte même, mais ne possédant pas
encore de notions de botanique, lisez de la même
façon et en contrôlant de même sur nature les
divers faits qui s'y trouvent consignés, un véritable
Traité d'Organographie végétale élémentaire,
tel que ceux qui sont écrits pour la classe de quatrième de nos lycées (1). De la sorte vous serez
bientôt à même de vous servir plus ou moins bien
d'une *flore* du pays où vous herborisez, c'est-à-
dire d'un livre qui énumère les plantes de cette
flore, leurs caractères, les localités où elles se
trouvent et surtout les différences qui existent
entre les unes et les autres.

Notez bien que les botanistes les plus experts
ont souvent besoin, pour la détermination d'une

(1) Nous avons aussi publié un semblable ouvrage en
1882, à la librairie Hachette, sous le nom de *Cours élémentaire de Botanique pour l'enseignement de la botanique dans la classe de quatrième*. Ce qui me porte à
croire que ce petit ouvrage et le précédent atteignent bien
le but que je m'étais proposé, c'est que ceux qui en ont dit
le plus de mal les ont souvent copiés sans vergogne.

plante, de recourir eux-mêmes à une flore. Leur mémoire n'est pas infaillible; il leur arrive d'hésiter, au pied levé, entre deux ou plusieurs espèces très voisines. Ils ne vous donnent parfois, s'ils sont consciencieux, le nom d'une plante qui leur est présentée à l'improviste, que d'une façon douteuse, avec un point d'interrogation. Il vous faudra donc vous-même revenir ultérieurement, à l'aide de la flore, sur ce point d'interrogation. Vous ne pourrez le faire qu'en observant de près les feuilles, les fleurs, les fruits ou quelque autre organe de la plante en litige. Alors vous pourrez directement mettre à profit les notions d'organographie dont vous vous serez assuré la possession.

C'est parce que les flores ne sont pas toujours d'un emploi facile pour les débutants, et que parfois même les plus expérimentés s'y perdent, que l'on a souvent jugé utile de recourir à l'iconographie, c'est-à-dire à la représentation par des figures des plantes qu'on doit tôt ou tard rencontrer dans les herborisations. Il y a des personnes qui ne font collection de plantes que sous forme de figures; elles réunissent le plus grand nombre possible de dessins, de gravures ou de lithographies représentant les plantes qui les intéressent: c'est ce qu'on appelle faire un *herbier artificiel*. Il y a eu

Europe de très beaux herbiers artificiels. Mais ils
sont d'un prix élevé; il faut beaucoup de temps
pour réunir les figures de plantes qui ont été pu-
bliées dans un grand nombre de livres ou de mé-
moires, souvent eux-mêmes fort rares. Ces figures
sont de genres, de formats différents. Quelques-
unes sont gigantesques et d'autres presque micros-
copiques. Celles de grand format ne sont pas d'un
transport facile; elles ne peuvent guère se consulter que dans une bibliothèque. Beaucoup de
planches sont d'ailleurs en noir; elles ne donnent
pas la couleur des diverses parties de la plante,
notamment des fleurs. Semblable iconographie,
précieuse pour les savants, ne peut être pour un
débutant à peu près d'aucune utilité pratique.

Voilà pourquoi nous avons voulu rendre l'iconographie accessible et portative. Sur le modèle
des bons points que plusieurs libraires intelli-
gents ont publiés pour faire connaître aux enfants,
par des figures et des descriptions, un grand nombre d'objets relatifs à l'histoire naturelle, à la phy-
sique, à l'industrie, à l'économie domestique, etc.,
nous avons entrepris de faire figurer en chromoli-
thographie les plantes de la flore française, avec
leurs caractères et leur couleur, en même temps
que nous en donnions une description simple,

mais précise et scientifique, établissant les différences qui existent entre chacune de ces plantes
et les espèces qu'on est le plus exposé à confondre
avec elles. Avec cet ouvrage, il suffira, en général,
de voir le *portrait* d'une plante qu'on aura récoltée
pour savoir comment elle se nomme ; il faudra
d'ailleurs, pour éviter toute erreur, comparer
strictement cette plante avec la description qui
en est donnée. Nous espérons de la sorte lever pour
les débutants les difficultés qui hérissent les premiers sentiers de la botanique et répandre ainsi le
goût d'une science qui a toujours été fort en hon-
neur dans notre pays, jusqu'au jour où l'étude en a
été rendue presque impossible par les obscurités
prétentieuses et voulues qu'on s'est plu à y accumuler.

Nous conseillons cependant aux débutants de
ne point se borner à ce trop facile travail qui consiste à comparer les plantes avec leur image. En
procédant méthodiquement et en allant du facile
au difficile, nous affirmons qu'ils pourront en peu
de temps s'habituer à la détermination de la plupart des espèces par eux rencontrées dans leurs
herborisations. Ils doivent commencer, sur les
plantes de leur herbier, par une dénomination
sommaire, inscrivant au crayon seulement et en

caractères légers, afin qu'on puisse un jour les effacer, un travail provisoire, dont nous allons maintenant leur tracer rapidement la marche.

Les plantes vulgaires dont sont formés les gazons et en grande partie les prairies naturelles, et qu'on nomme souvent *de l'herbe*, sont des Graminées. Elles n'ont pas de fleurs aux couleurs brillantes et de dimensions plus ou moins grandes, mais seulement des fleurs petites et verdâtres, sans éclat, réunies en épis d'ordinaire peu volumineux. Ce sont des plantes analogues au blé, au seigle, à l'avoine, à l'orge; et il faut les récolter toutes en bon état, pour pouvoir plus tard les déterminer plus exactement. On confond très facilement avec elles, au début, les Cypéracées qui croissent en abondance sur le bord des eaux et qui sont surtout représentées dans nos pays par les Laiches ou *Carex*. Ce genre est nombreux en espèces. Avec un peu d'attention, on le distingue des Graminées par sa tige triangulaire, et, en y regardant de plus près, par l'absence de périanthe autour de ses fleurs qui sont unisexuées. Le fruit est d'ailleurs enfermé dans un sac ayant lui-même l'apparence d'un fruit, perforé à son sommet pour laisser passer ce qui reste des styles. Comme ce genre est très riche en espèces, il faut aussi en rassembler beaucoup d'échantillons, qu'on étudiera ultérieurement dans l'herbier, à tête reposée.

Il y a un troisième groupe de plantes qui peut être confondu avec les Graminées. Ce sont les Joncées : non pas les Joncs proprement dits, que caractérisent facilement leurs tiges et leurs feuilles cylindriques, mais les Luzules, qui abondent sur les pelouses et dans les bois au premier printemps, et qui se distinguent toujours en ce que leurs fruits renferment plusieurs graines qu'on peut en faire sortir par une légère pression.

Toutes les plantes qui précèdent sont des Monocotylédones ; et leurs feuilles, étroites et allongées, sont rectinerves, ont toutes leurs nervures longitudinales et parallèles. La même disposition des nervures se retrouve en général dans les autres Monocotylédones, mais celles-ci ont des fleurs plus grandes et colorées.

Ce sont d'abord des Liliacées, analogues en petit aux Lis et aux Jacinthes : leur périanthe coloré est à six parties et régulier. A ces caractères vous reconnaîtrez immédiatement les Scilles ; les *Phalangium*, qui ressemblent à de petits Lis ; les *Muscari*, à petites clochettes bleues ; les Ornithogales ; les Aulx dont l'odeur est âcre et pénétrante ; les Asphodèles ; les Tulipes, etc.

Dans toutes ces plantes, l'ovaire est intérieur aux enveloppes florales, c'est-à-dire supère. Avec le même périanthe coloré, les Iris, les Safrans, qui sont des Iridacées ; et les Perce-neige, les Narcisses, qui sont des Amaryllidacées, vous laisseront apercevoir leur ovaire, sous forme de renflement vert, au dessous du périanthe, et même, par conséquent, dans le bouton. Cet ovaire est infère. De plus, les Amaryllidacées auront six étamines, comme les Liliacées ; les Iridacées seulement trois. Vous pouvez donc provisoirement inscrire au crayon dans votre herbier le nom de famille de toutes ces herbes.

Les débutants montrent en général un grand plaisir à trouver des Orchidées; ce sont des Monocotylédones à ovaire infère, souvent pourvues d'un double renflement souterrain en forme d'œuf ou de masse palmée. Leurs fleurs sont élégantes, à couleurs fréquemment belles, et remarquables par leur irrégularité. Leur forme rappelle souvent celle d'un animal, d'un insecte, tel qu'une abeille, une mouche, un bourdon, et de leur partie inférieure pend une sorte de tablier qui est diversement découpé et souvent d'une coloration particulière. Les fleurs sont ordinairement en épis; et cependant ces épis simulent une grappe, parce que sous le périanthe se trouve un corps vert, plus ou moins allongé et épais, qui n'est autre que l'ovaire, infère comme celui des Iridacées et des Amaryllidacées. Inscrivez simplement d'abord sur votre herbier le mot *Orchidée*, quitte à rechercher plus tard à quel genre la plante appartient. Apportez quelque soin à la dessication de vos Orchidées; elles noircissent souvent, moisissent quelquefois, et il n'est pas agréable de voir leurs fleurs se détacher les unes après les autres de l'axe de l'inflorescence.

Il y a des Monocotylédones à fleurs blanches ou roses dans les eaux : les *Alisma*, les Sagittaires, les Butomes, les *Damasonium*, les Morènes ; puis d'autres à petites fleurs sans éclat, qui sont submergées, abondantes dans les cours d'eau : les *Naias*, les *Zanichellia*, et surtout des Potamots, dont il faut récolter les nombreuses espèces pour les analyser ultérieurement. A la surface des fossés et des mares, on recueillera aussi plusieurs espèces de Lentilles d'eau ou *Lemna*.

Les Aroïdées, représentées dès le printemps par des *Arum*, ont des fleurs petites, réunies en épi, mais toutes enfermées dans une enveloppe commune en forme de cornet, qu'il ne faut pas confondre avec un périanthe. La nervation de feuilles se rapproche déjà, dans ces plantes, de celle des Dicotylédones.

La règle pour ces dernières est que les nervures se ramifient et s'anastomosent. Il y a peu d'exceptions : il ne faut cependant pas prendre pour des Monocotylédones certains Buplèvres et quelques Renoncules aquatiques dont la feuille s'écarte précisément de cette règle. Souvent les feuilles sont opposées ou verticillées dans les Dicotylédones. Mais dans au moins la moitié des cas, elles sont alternes. Si ces plantes sont bien fleuries, allez immédiatement à la recherche de la corolle. Plusieurs cas peuvent alors se présenter :

Vous ne trouvez point, quoique vous fassiez, de corolle, parfois même pas de périanthe du tout. — Ou bien, surtout au printemps, en hiver même, vous avez affaire à un arbre dont les fleurs sont groupées en chatons. Songez alors aux Saules et aux Peupliers, aux Charmes, aux Bouleaux, aux Aunes, aux Chênes, aux Ormes. C'est à quelqu'un de ces genres si répandus qu'appartient l'arbre dont vous chercherez plus tard le nom exact. Vous pouvez déjà provisoirement écrire : *Amentacée.* — Ou bien il s'agit d'une herbe, et ce peut être une Euphorbiacée, une Urticée, une Polygonacée ou une Chénopodiacée. Jetez cependant un nom provi-

soire sur votre étiquette·d'herbier. Si c'est une
Ortie, vous l'apprendrez à vos dépens, en vous
piquant. Si c'est une Euphorbe, il est probable
qu'elle sera gorgée d'un lait visqueux qui s'échap-
pera à la moindre déchirure des feuilles ou des
branches. Si c'est une Polygonacée ou une Chénopodiacée, les fleurs seront pourvues d'un ovaire
supère, qui ne renfermera qu'un ovule, ou bien le
fruit ne contiendra qu'une graine. Dans la Chénopodiacée, les feuilles seront presque toujours alternes, sans stipules. Dans la Polygonacée, elles
seront alternes aussi; mais à leur base il y aura
un tube engainant la tige ou la branche, c'est-à-
dire un *ocrea*, et très souvent autour des fruits se
verront les sépales grandis qui formeront autour
de lui des ailes plus ou moins saillantes.

Parmi les plantes à fleurs apétales, n'oubliez
pas les arbres verts, qu'on appelle Conifères, parce
qu'ils ont généralement les fruits rapprochés en
cônes, tels que les pommes de Pin, de Sapin, de
Mélèze; et choisissez des échantillons bien fleu-
ris, qui ne sont pas toujours faciles à trouver.
Quant aux fruits mûrs, il est souvent malaisé de
les conserver entre deux feuilles de papier, à cause
principalement de leur épaisseur. C'est ici le lieu
de dire quelques mots de deux petits annexes de

l'herbier que vous ferez bien de ne pas négliger.

Le premier est le graînier. Il consiste en bocaux et en boîtes dans lesquels seront conservés les fruits séchés et les graines, notamment les fruits qui sont trop volumineux pour être aplatis dans l'herbier. Il est inutile de dire que ces bocaux, ces boîtes doivent porter les mêmes noms que les plantes placées dans l'herbier. Il est même-utile, sur l'étiquette de ce dernier, d'indiquer que les fruits, les graines, se trouvent dans le graînier à un numéro d'ordre déterminé.

La seconde collection annexe est celle des échantillons conservés dans l'alcool. Elle est à recommander principalement aux amateurs sérieux qui veulent étudier, analyser les plantes en toute saison. Ceux-là, comme nous l'avons dit, emportent dans leurs excursions un petit flacon plein d'alcool et fermé hermétiquement à l'aide d'un bouchon de liège. Toutes les fois qu'une partie de la plante qu'ils récoltent leur paraît trop délicate pour ne pas être altérée par la dessication, ils recueillent cette partie séparément et ils la plongent dans le flacon à alcool. Dans ces conditions, la couleur des organes disparaît généralement, ce qui est de peu d'importance. Mais les formes se conservent parfaitement; et quand on a extrait de l'organe le liquide qu'il a absorbé, en le laissant reposer quelques minutes sur un papier buvard, on a sous la main, à toute heure et en tout temps, une partie aussi propre à l'étude que si elle venait d'être cueillie sur la plante. Il faut seulement beaucoup d'ordre et un bon étiquetage à cette partie de la collection; il faut que les noms de l'herbier soient exactement reproduits sur les étiquettes collées aux flacons, et il importe, pour éviter toute erreur, que chaque flacon ne renferme que des fragments d'une seule et même espèce. On peut, du reste, remplir le flacon de ces fragments, ce qui diminue d'autant la quantité d'alcool à employer; on peut y accumuler les boutons, les fleurs, même les fruits, les graines, les bulbes, les bourgeons, toutes les parties de la plante qui présentent, croit-on, quelque intérêt pour l'étude et l'analyse. Et cela permet de réduire de beaucoup le nombre des échantillons secs de l'herbier; car ayant sous la main, dans le bocal à alcool, toutes les parties à disséquer, on n'aura pas besoin de briser ou de mutiler les échantillons de l'herbier, qui demeureront toujours complets, c'est-à-dire beaucoup plus beaux.

Revenons maintenant aux plantes dicotylédones et à leur détermination sommaire, alors que leurs fleurs sont pourvues d'une corolle.

Dans la moitié des cas environ, cette corolle tombe d'une seule pièce, soit spontanément, soit à la suite d'une légère traction exercée sur une de ses divisions. En général alors (il n'y a guère d'exception que pour les Mauves), la plante appartient à une des familles qu'on a placées dans le vaste groupe de la Gamopétalie ou, comme l'on dit à tort, de la Monopétalie.

Or une forte proportion des plantes de nos pays, rapportées à la Gamopétalie, appartient à la famille des Composées. Elles ont ce qu'on appelle des fleurs composées, c'est-à-dire réunies en une sorte de tête ou capitule. En écrivant provisoirement le mot *Composee* sur une plante à capitules et dans laquelle les corolles, régulières ou irrégulières, sont d'une seule pièce, vous ne vous tromperez que très exceptionnellement, alors qu'il s'agira de quelques Dipsacacées ou Valérianacées ; mais plus tard, il vous sera très facile de rectifier cette petite erreur.

Dans les autres Gamopétales, les fleurs seront plus ou moins écartées les unes des autres, et alors deux alternatives pourront se présenter : ou la corolle sera régulière (*a*), ou elle sera plus ou moins irrégulière (*b*).

a. — Si la corolle est régulière, la plante à corolle gamopétale appartiendra généralement à l'une des familles dont les noms suivent :

Oléacées,	Solanacées,
Primulacées,	Apocynacées,
Plumbaginées,	Asclépiadacées,
Ericacées,	Gentianacées,
Boraginacées	Campanulacées,
Convolvulacées,	Rubiacées.

Ce sera une Oléacée, si la fleur, avec une corolle à quatre ou cinq divisions, n'a que deux étamines, portées plus ou moins haut sur cette corolle. Il n'y a d'Oléacées en France que des Troênes, des Oliviers, et des Lilas, ces derniers cultivés; des Jasmins et des Frênes, ceux-ci exceptionnellement dépourvus de corolle dans certaines espèces.

Les Primulacées seront, dès le printemps, représentées par plusieurs Primevères. Leur corolle régulière porte cinq étamines oppositipétales; et leur ovaire libre, caché dans le tube de la corolle, a une seule loge, avec un placenta central libre, qui porte plusieurs ovules. Plus tard, il y aura dans les champs d'autres représentants vulgaires de cette famille : le Mouron rouge, les Lysimaques, les Centoncles, etc.

Une Plumbaginée a la fleur construite comme celle d'une Primulacée; sa corolle régulière a cinq divisions et porte aussi cinq étamines. Mais, dans l'ovaire, supère et libre, également uniloculaire, il n'y aura qu'un ovule, supporté par un long cordon fixé à la base de la loge.

Les Bruyères, qui constituent surtout chez nous la famille des Ericacées, et que tout le monde distingue facilement aux caractères de leurs petites feuilles, étroites, rigides et persistantes, ont, comme les plantes précédentes, des corolles gamopétales; mais leurs étamines sont en nombre double de celui des pièces de la corolle, et les loges ovariennes, pluriovulées, sont en même nombre. Ce groupe n'est pas représenté chez nous que par de vraies Bruyères (*Erica*) et par des *Calluna*, à ovaire supère. Mais il a aussi des représentants à ovaire infère, que l'on a nommés les Vacciniées, du nom du genre Myrtille (*Vaccinium*), qui compte dans notre pays plusieurs espèces à fruit charnu.

Les Boraginacées ont, comme les Ericacées, une fleur régulière, dans laquelle le calice, la corolle et l'androcée sont à cinq parties. Mais leur ovaire, qui occupe le centre du réceptacle floral, n'a que quatre logettes, contenant chacune un ovule; et le fruit, par suite, est formé au plus de quatre achaines, séparés les uns des autres. Les plantes de ce groupe sont toutes, ou à peu près, chargées de poils rudes qui les avaient jadis fait nommer Aspérifoliées, et leurs fleurs sont groupées en cymes scorpioides de forme spiralée. Il vous sera donc facile, la plupart du temps, d'écrire provisoirement sur une plante qui présentera ces caractères généraux, le mot *Boraginacée*, quitte à déterminer plus tard par l'analyse le genre de cette famille auquel doit se rapporter l'échantillon.

Les Convolvulacées sont principalement représentées dans notre pays par les Liserons, que tout le monde connaît et dont on sait que les tiges herbacées s'enroulent en spirale autour des plantes voisines. Leur corolle, en forme de cloche ou d'entonnoir, à lobes tordus, est également bien connue. Elle est régulière et gamopétale, comme celles des Boraginacées, et elle porte également cinq étamines. Mais ici le gynécée libre a un ovaire partagé par une cloison plus ou moins complète en deux loges, et dans chacune de ces loges il y a un ou deux ovules ascendants.

Les Solanacées ressemblent aux Liserons par deux caractères : leur corolle régulière et gamopétale, et aussi le nombre de leurs étamines égal à celui des divisions de la corolle sur laquelle elles sont portées. L'ovaire est supère également ; mais en l'ouvrant, vous constaterez facilement la grande différence qu'il présente avec celui des Convolvulacées : ses deux loges renferment un grand nombre d'ovules que vous pourrez, après avoir coupé l'ovaire en travers, faire sortir à l'aide d'une légère pression.

Les Apocynacées sont peu nombreuses dans notre flore. Dans notre pays, elles ont toujours les feuilles opposées ou verticillées, une corolle gamopétale, régulière et portant un nombre d'étamines égal à celui de ses divisions. Mais leur gynécée est exceptionnel en ce sens, que, formé de deux carpelles, ceux-ci demeurent indépendants dans leur portion ovarienne, et par conséquent, dans le fruit mûr qui se trouve ainsi formé de deux follicules. Les ovules et les graines sont en nombre indéfini. Dans le Midi, cette famille est représentée par le Laurier-Rose, arbuste de la région méditerranéenne ; sinon, elle ne comprend en France que des Pervenches, plantes connues de tout le monde.

Il n'y a guère de dissemblances entre les Asclépiadacées et les Apocynacées, que celles du pollen,

formé dans les premières de masses solides, cé-
racées, et non de grains ténus et pulvérulents.
Avec des feuilles opposées, les *Vincetoxicum*,
Cynanchum et *Asclepias* sont donc toujours faciles à distinguer des Apocynacées auxquelles on
les unissait autrefois et dont elles ont souvent le
suc laiteux et âcre.

Les Gentianacées se reconnaîtreront toujours à
ce qu'avec les feuilles opposées des Apocynacées
et Asclépiadacées, et avec les corolles gamopétales, régulières, l'androcée isostémoné et l'ovaire
libre des Solanacées, elles ont, dans cet ovaire
pluriovulé, une seule loge avec deux placentas
pariétaux.

Les Campanulacées se distinguent de tous les
groupes précédents par leur ovaire infère. On le
voit, dans le bouton même, au-dessous du périanthe : ses loges pluriovulées sont au nombre de
deux à cinq, et la placentation y est axile, comme
dans les Solanacées. Ce sont chez nous des herbes, à feuilles alternes et à suc laiteux. Leur
corolle est généralement régulière, mais elle devient irrégulière dans les types exceptionnels qu'on
nomme *Lobelia* et *Laurentia*, et qui sont repré-
sentés eu France chacun par deux espèces. Exceptionnellement aussi les pétales deviennent

libres ou à peu près dans les deux genres *Jasione* et *Phyteuma.*

Les Rubiacées ont l'ovaire infère des Campanulacées, ordinairement biloculaire. Mais leur fleur est chez nous dépourvue de véritable calice, et leurs deux loges ovariennes ne renferment chacune qu'un seul ovule, ascendant, inséré tout près de leur base. La corolle est à trois, quatre ou cinq divisions, et les étamines sont en même nombre. Les Rubiacées de notre pays étaient pour les anciens botanistes des *Stellatæ* (étoilées), nom qu'elles doivent à la disposition de leurs feuilles. Celles-ci sont en réalité opposées ; mais comme elles sont accompagnées de stipules, simples ou dédoublées, de même taille et de même forme, le tout forme au niveau des branches un faux verticille qui est très caractéristique.

b. — Si la corolle gamopétale est irrégulière, vous avez presque toujours sous les yeux une Scrofulariacée ou une Labiée. Les étamines y sont presque toujours au nombre de quatre, inégales et didynames. En ce cas, si les feuilles sont opposées, et si, au centre de la fleur, vous apercevez, comme dans les Boraginacées, un ovaire formé de quatre petites logettes saillantes et uniovulées, ou un fruit formé de quatre achaines, inscrivez sur l'échantillon : *Labiée*. Dans les Scrofulariacées, les feuilles peuvent bien être opposées, mais souvent aussi elles sont alternes ; et l'ovaire est à deux loges, unies entre elles dans toute leur hauteur et dans chacune desquelles il y a un nombre indéfini d'ovules. Aussi le fruit est-il presque toujours une capsule polysperme.

Les autres types gamopétales à corolle irrégulière sont relativement rares, et vous ne les confondrez ni avec les Scrofulariacées, ni avec les Labiées, si vous prenez soin d'observer :

Que les Orobanchées ont à peu près la fleur des Scrofulariacées, mais que ce ne sont jamais des herbes vertes, et que, parasites sur les portions souterraines d'autres plantes, elles sont dépourvues de véritables feuilles et ont leurs parties jaunâtres, brunes ou bleues.

Que les Lentibulariées, représentées en France par des Utriculaires et des Pinguicules, sont des plantes aquatiques à fleurs jaunes, ou des herbes des endroits humides, à rosette de feuilles et à fleurs violettes, dont la corolle est éperonnée, dont les étamines sont au nombre de deux et dont l'ovaire est uniloculaire, pluriovulé, comme celui des Primulacées.

Que les Verbénacées, dont nous n'avons que

deux : la Verveine officinale, et, dans le Midi, le Gat-
tilier, sont des Labiées à style non gynobasique, se
détachant, par conséquent, du sommet de l'ovaire,
et à fruit sec ou charnu, à deux ou quatre graines.

Que les Globulariées n'ont dans leur ovaire supère qu'une loge renfermant un ou deux ovules
seulement, et que leurs fleurs sont groupées en
tête comme celles des Composées.

Que les Dipsacacées ont chez nous des capitules
comme ceux des Composées, et aussi leur ovaire
infère, avec une corolle irrégulière ; mais que leur
ovule et leur graine sont descendants, et que leur
embryon est entouré d'un albumen.

Que les Valérianacées ont aussi un ovaire infère, et que généralement il a plusieurs loges dont
une seule est fertile, avec un ovule descendant
comme celui des Dipsacacées ; mais que leur graine
est dépourvue d'albumen, et que leurs fleurs sont
disposées en cymes, parfois plus ou moins contrac-
tées, mais non en capitules.

Le nombre de nos plantes qui appartiennent à
la Dicotylédonie est bien plus considérable ; aussi
ne pouvons-nous donner à leur sujet que des indications très sommaires. Les principales familles
auxquelles elles peuvent appartenir sont au nombre de vingt-huit :

<table>
<tr><td>Renonculacées,</td><td>Rutacées,</td></tr>
<tr><td>Rosacées,</td><td>Géraniacées,</td></tr>
<tr><td>Légumineuses,</td><td>Linacées,</td></tr>
<tr><td>Berbéridacées,</td><td>Polygalacées,</td></tr>
<tr><td>Nymphæacées,</td><td>Celastracées,</td></tr>
<tr><td>Papavéracées,</td><td>Rhamnacées,</td></tr>
<tr><td>Crucifères,</td><td>Hypéricacées,</td></tr>
<tr><td>Résédacées,</td><td>Lythrariacées,</td></tr>
<tr><td>Crassulacées,</td><td>Onagrariacées,</td></tr>
<tr><td>Saxifragacées,</td><td>Cornacées,</td></tr>
<tr><td>Malvacées,</td><td>Ombellifères,</td></tr>
<tr><td>Tiliacées,</td><td>Portulaccacées,</td></tr>
<tr><td>Cistacées,</td><td>Caryophyllacées,</td></tr>
<tr><td>Violacées,</td><td>Cucurbitacées.</td></tr>
</table>

1. — Les Renonculacées ont des fleurs régulières ou irrégulières ; et leur réceptacle convexe porte un ou plusieurs carpelles, indépendants les uns des autres, avec un ou plusieurs ovules dans chaque ovaire. Sauf le cas rare d'un seul carpelle, leur fruit est un de ceux qu'on nomme multiples, formé d'achaines ou de follicules, avec des graines albuminées.

2. — Que l'on suppose une Renonculacée dont la fleur régulière a un réceptacle plus ou moins concave, au lieu d'être convexe, et dont la graine est dépourvue d'albumen, et l'on aura une Rosacée.

3. — Que dans une fleur à réceptacle concave, comme celui des Rosacées, il n'y ait au centre qu'un

seul carpelle, renfermant plusieurs ovules, et qui deviendra un fruit appelé gousse, on aura sous les yeux une Légumineuse, qui, dans notre pays, est presque toujours une Papilionacée, c'est-à-dire une plante à corolle irrégulière, dite précisément papilionacée, à dix étamines le plus souvent diadelphes et à graines plus ou moins arquées, dépourvues d'albumen.

4. — Les Berbéridacées ont des fleurs régulières, avec un réceptacle convexe, comme celui des Renonculacées, et un seul carpelle, comme celui des Légumineuses. Leur fruit est charnu ou s'ouvre par une valve latérale; leur graine est albuminée.

5. — Les Nymphæacées, qui vivent dans l'eau, ont des fleurs qui rappellent en grand celles des Renoncules. Leur réceptacle est convexe ou concave; et leurs étamines, en nombre indéfini, sont par conséquent hypogynes ou périgynes. Mais leur ovaire est à plusieurs loges multiovulées, et leur fruit charnu contient des graines petites et nombreuses, à double albumen.

6. — Les Papavéracées ont des fleurs à réceptacle convexe, avec des verticilles floraux dimères. Les deux sépales sont fugaces, et la corolle est construite sur le type 2 répété. Elle est régulière dans les vraies Papavéracées, et irrégulière dans les

Fumariées. Celles-ci ont un nombre défini d'étamines, tandis que celles des Papavérées sont en nombre indéfini. Le suc est laiteux dans les Papavéracées vraies, aqueux dans les Fumariées. Les feuilles sont alternes, et la placentation pariétale; de sorte que le gynécée des Fumariées et des Papavéracées vraies à deux carpelles, rappelle beaucoup celui des Crucifères.

7. — Les Crucifères ont des fleurs tétramères, à réceptacle presque toujours convexe, une corolle dite cruciforme et un androcée tétradyname. Leur gynécée est dicarpellé, à deux placentas pariétaux. Il devient une silique ou une silicule. Les graines n'ont jamais d'albumen. Nos Crucifères sont herbacées, à feuilles alternes, à suc piquant.

8. — Les Résédacées ne sont représentées en France que par des *Reseda*, à placentas pariétaux, au nombre de trois, et par des *Astrocarpus*, dont les carpelles sont indépendants, comme ceux des Renonculacées. Mais les placentas de ces carpelles répondent à leur bord dorsal, et non ventral. Le réceptacle est convéxe, et le gynécée supère. Le périanthe et l'androcée sont toujours irréguliers. Ce sont des herbes à feuilles alternes, à suc plus ou moins âcre, comme celui des Crucifères.

9. — Les Crassulacées sont des plantes grasses,

à feuilles basilaires charnues, en rosette. Leurs fleurs sont régulières, avec des verticilles 4-5- mères ou, dans les Joubarbes, formés d'un nombre plus élevé de pièces. L'androcée est diplostémoné, et les carpelles sont indépendants les uns des autres, pluriovulés; ils deviennent autant de follicules, formant par leur réunion un fruit multiple.

10. — Les Saxifragacées ont des fleurs régulières dans notre pays, avec un réceptacle plus ou moins concave, dans l'intérieur duquel est enchâssé l'ovaire plus ou moins infère. Les placentas sont généralement pariétaux et au nombre de deux. Il y a souvent un calice et une corolle; mais cette dernière peut manquer. L'androcée est souvent diplostémoné. Le fruit est capsulaire, sauf dans les Groseilliers où il est une baie. Dans ces derniers, la tige est ligneuse. Mais nos Saxifragacées vraies sont des herbes, à feuilles presque toujours alternes.

11. — Les Malvacées de nos pays sont exceptionnelles dans cette division en ce que leurs pétales sont unis à la base, non seulement entre eux, mais encore avec la base des étamines qui sont monadelphes. Leur anthère extrorse n'a qu'une loge, et leur fleur est souvent accompagnée d'un calicule. Tandis que le calice est valvaire, la corolle est tordue. Dans nos principales Malvacées,

qui sont des Mauves et des Guimauves, le gynécée et le fruit sont constitués par un verticille de
nombreux carpelles ne contenant qu'un ovule ou
qu'une graine. Dans les Malopes, les carpelles
sont indépendants et disposés dans l'ordre spiral.
La graine a un embryon plissé, avec une petite
quantité d'albumen muqueux, qui peut même
faire totalement défaut. Ce sont des plantes à suc
mucilagineux, à feuilles alternes.

12. — Les Tiliacées se rapprochent beaucoup des
Malvacées. Chez nous, ce ne sont que des arbres,
les Tilleuls. Ils ont des feuilles alternes, des inflo-
rescences accompagnées d'une grande bractée fo-
liacée, des sépales valvaires, des étamines formant
cinq faisceaux, un ovaire à cinq loges biovulées,
surmonté d'un seul style, et un petit fruit ligneux,
indéhiscent, à une ou quelques graines albuminées. Leur suc est aussi mucilagineux.

13. — Les Cistacées ne sont représentées que par
des Cistes et des Hélianthèmes ; les premiers exclu-
sivement méridionaux, ligneux ; les derniers presque toujours herbacés. Ils ont des fleurs régulières,
à cinq pétales fugaces ; des étamines nombreuses et
hypogynes ; un gynécée supère, à placentas pariétaux ; les ovules orthotropes ou à peu près ; le
fruit capsulaire et les graines albuminées.

14. — Les Violacées ne sont chez nous que des herbes, les Violettes, à fleurs irrégulières, pourvues d'une corolle éperonnée. Les cinq étamines sont dissemblables, et l'ovaire supère est uniloculaire, avec trois placentas pariétaux, pluriovulés. Il devient un fruit capsulaire, déhiscent en trois panneaux séminifères. Les graines ont un albumen.

15. — Les Rutacées indigènes sont herbacées ou frutescentes, odorantes, grâce à de nombreuses glandes à essence dont toutes leurs parties sont ponctuées. Elles ont des fleurs régulières (ou exceptionnellement irrégulières dans les Fraxinelles), à réceptacle convexe, à androcée diplostémoné, à carpelles indépendants dans leur portion inférieure, pluriovulés, à fruits secs et déhiscents. Les Orangers, rattachés à cette famille et qui n'existent qu'à l'état cultivé, sont ligneux, à fruits charnus, les carpelles non indépendants.

16. — Les Géraniacées ont en France les fleurs régulières, à réceptacle convexe. Ce sont, ou des *Geranium* qui ont dix étamines, ou des *Erodium* qui n'en ont que cinq. Le gynécée est toujours le même, formé d'un ovaire supère à cinq loges biovulées et d'un style à cinq branches. Le fruit est sec, surmonté d'un bec, déhiscent et hygroscopique. Ce sont des herbes à feuilles

alternes, plus ou moins découpées, odorantes.

17. — Les Linacées sont surtout des Lins, à fleurs pentamères. Seul le *Radiola* est tétramère. La corolle est tordue, fugace, et les étamines fertiles sont en même nombre que les pétales, avec autant de staminodes fort peu développés. Le réceptacle est convexe, et l'ovaire supère, à loges en même nombre que les pétales. Chacune d'elles ne renferme que deux ovules, séparés par une fausse-cloison. Le fruit, sec et déhiscent, ne renferme donc au plus que dix graines. Les feuilles sont alternes et rarement opposées; les fleurs, en cymes souvent unipares.

18. — Les Polygalacées ne sont en France que des *Polygala*, petites herbes, rarement suffrutescentes, à fleurs irrégulières; le réceptacle convexe; le calice à cinq sépales, dont deux, les ailes, très grands; la corolle de trois pétales (le tout rappelant de loin les Papilionacées; mais ce n'est qu'une apparence). Huit étamines monadelphes. Ovaire supère à deux loges. Fruit capsulaire, loculicide, généralement disperme.

19. — Les Célastracées sont des arbustes, les Fusains et les Buis, à feuilles simples, opposées, à fleurs hermaphrodites ou unisexuées, avec ou sans corolle, régulières, isostémonées; les éta-

mines alternipétales. Ovaire à trois ou quatre loges, généralement biovulées. Fruit capsulaire. Graines albuminées et arillées.

20. — Les Rhamnacées représentent des Célastracées à étamines oppositipétales. Fruits drupacés, plus rarement samaroïdes (Paliure).

21. — Les Hypéricacéessont chez nous des Millepertuis, plantes odorantes, à feuilles glanduleuses-ponctuées, opposées. Leur ovaire est supère, multiovulé; et leurs étamines sont très nombreuses, groupées en faiceaux. Le fruit est capsulaire (il n'y a qu'une exception); les placentas sont pariétaux, multiovulés; les styles en même nombre que les placentas.

22. — Les Lythrariacées sont des plantes herbacées, dont les fleurs, régulières et hermaphrodites, ont un réceptacle en forme de tube ou de cloche, portant à son orifice un calice 5-6-mère et une corolle de même type. Les étamines, insérées de même, sont en nombre égal ou double. Le gynécée est libre au fond du tube floral; il a plusieurs loges multiovulées et devient une capsule à graines nombreuses, sans albumen. Il n'y a en France que deux genres de cette famille : les Salicaires, et les *Ammania* (*Peplis*).

23. — Les Onagrariacées ont des fleurs régulières

ou à peu près, mais dont l'ovaire infère est adné
au réceptacle. Quelques-unes sont réduites (*Hip-
puris*) à une seule étamine. Sinon, l'androcée
épigyne est diplostémoné ou plus rarement isostémoné. Beaucoup sont des plantes aquatiques,
notamment les Volants-d'eau et les Mâcres. Les
Onagrariacées vraies ont une corolle, ordinairement tétramère. Le fruit est capsulaire, parfois indéhiscent. Il y a des Onagrariacées à fleurs
dimères; telles sont le Circées.

24. — Les Cornacées ont des fleurs régulières, à
réceptacle concave. L'ovaire est infère et pau-
ciovulé. Dans notre pays, la famille n'est représentée que par des Cornouilliers, à androcée isostémoné, à fruit drupacé, à noyau biloculaire.

25. — Les Ombellifères doivent leur nom à la
disposition de leurs fleurs en ombelles. Mais
celles-ci sont des ombelles composées dans la
plupart des cas. Leur ovaire est infère et généralement biloculaire; il devient presque toujours un
diachaine, avec une graine descendante dans
chaque loge. Le calice est petit ou nul; et la
corolle est formée de cinq pétales supères, souvent inégaux. Ordinairement les plantes de
cette famille sont herbacées et ont des feuilles
alternes, profondément découpées, qui peu-

vent être complètes (gaîne, pétiole et limbe).

26.— Les Portulacacées sont des herbes, à fleurs régulières et pentamères, quoique leur calice soit réduit à deux folioles. Elles ont généralement l'ovaire supère, sauf dans les Pourpiers; et finalement il est uniloculaire, avec plusieurs ovules et des funicules nés du plancher.

27.— Les Caryophyllacées sont aussi des herbes, et dans les types les plus parfaits, elles ont un calice et une corolle dialypétale, que l'on appelle *caryophyllée*. L'androcée est hypogyne, isostémoné ou diplostémoné, et l'ovaire supère a un ou plusieurs ovules supportés par un placenta axile. Dans les Caryophyllacées proprement dites, où l'ovaire est pluriovulé, les loges étaient d'abord au nombre de deux à cinq. Mais les cloisons de séparation entre ces loges se sont résorbées, et le placenta paraît être central-libre. Les Caryophyllacées vraies ont des feuilles opposées, sans stipules, et des fleurs en cymes.

28.— Les Cucurbitacées ont ordinairement la corolle polypétale, quoique les Courges (*Cucurbita*), qui ont donné leur nom à la famille, l'aient, par exception, gamopétale. Les fleurs y sont unisexuées, et dans les femelles, l'ovaire est infère, pluriovulé, à placentas pariétaux. Le fruit est une baie, à graines sans albumen. Dans les mâles, les étamines, à anthère uniloculaire, sont rapprochées de telle façon qu'on dirait que deux d'entre elles sont biloculaires, une seule restant uniloculaire. Ce sont des herbes à feuilles alternes, avec vrilles quand elles sont grimpantes.

Nous ne parlons pas ici des familles représentées dans la flore, qui n'ont qu'une importance secondaire en ce sens qu'elles n'y comprennent qu'un genre et souvent qu'une espèce, comme les Lauracées, Thyméleacées, Tamariscinées, Elatinacées, Frankéniacées, Aristolochiacées, etc. Elles sont tellement exceptionnelles qu'elles arrêteront toujours le débutant qui les examinera d'un peu près. Mais à l'aide de quelques caractères généraux, il pourra le plus souvent inscrire au moins un nom de famille provisoire sur les échantillons qu'il aura récoltés.

Pour aller plus loin dans les déterminations, il lui faudra consulter, outre les flores qui sont très nombreuses, non seulement pour l'ensemble de la France, mais encore pour telle ou telle division du pays, il lui faudra, disons-nous, consulter et approfondir les ouvrages dans lesquels sont tracés et figurés les caractères des groupes naturels et des genres qui les composent (1). Mais pour comparer avec les descriptions données dans les livres les plantes que l'on aura récoltées, il faudra procéder à l'analyse plus ou moins approfondie de ces plantes.

Beaucoup de caractères qui échappent à l'œil nu, pourront être constatés à l'aide du faible grossissement que donnent les loupes à main, instruments très variés de forme, dont se munissent fréquemment les personnes qui herborisent. Mais le véritable instrument d'analyse, que nous recommandons à tous ceux qui veulent pousser un peu plus loin ces recherches et devenir de véritables botanistes, c'est la loupe montée qui a l'avantage, tout en grossissant convenablement les objets, de laisser libres les deux mains de l'opérateur ; de façon que celui-ci peut écarter, couper, disséquer librement les divers organes, surtout s'il se sert d'aiguilles à dis-

(1) Nous avons depuis longtemps entrepris deux de ces ouvrages, auxquels nous renvoyons le lecteur : l'*Histoire des plantes*, qui compte aujourd'hui huit volumes, et le *Dictionnaire de Botanique*, dont la moitié est actuellement publié (deux volumes avec de nombreuses figures). Mais la collection la plus commode pour la détermination des espèces de notre flore, sera notre *Iconographie de la flore française*, publiée sur cartes séparées par la librairie Doin.

séquer qui soient à la fois plates pour retenir et maintenir les objets, aiguës pour pénétrer dans leur intérieur, tranchantes pour les diviser et les disséquer ; qualités que réunissent les aiguilles qui portent notre nom et sans lesquelles une dissection exacte est bien difficile, pour ne pas dire impossible. Lorsqu'on voudra analyser des fleurs sèches, il faudra préalablement les ramollir en les faisant bouillir pendant quelques minutes dans l'eau, puis les presser entre deux feuilles de papier buvard, pour absorber le trop d'humidité qu'elles peuvent contenir.

F I N

ASNIÈRES. — IMP. LOUIS BOYER ET Cie, 7, RUE DU BOIS.